오, 신이시여!

열려라~! **지식** 시리즈
003 종교

오, 신이시여!

초판 1쇄 2013년 9월 30일

글 폴커 프레켈트 **| 그림** 카차 베너 **| 옮김** 유영미
펴낸이 김영은 **| 기획 총괄** 정인진 **| 영업 총괄** 박하연 **| 편집** 박사례 **| 디자인** 고문화
펴낸곳 도서출판 책빛
출판 등록 2007. 11. 2. 제 406 -000101호
주소 경기도 고양시 일산동구 무궁화로 7 -63 1206
전화 070 -7719 -0104 **| 팩스** 031 -918 -0104
전자우편 booklight@naver.com
블로그 http://blog.naver.com/booklight
ISBN 978-89-6219-129-5 64450
ISBN 978-89-6219-126-4(세트)
＊잘못된 책은 구입한 곳에서 바꾸어 드립니다.

「이 도서의 국립중앙도서관 출판시 도서목록(CIP)은 서지정보유통지원시스템 홈페이지(http://seoji.nl.go.kr)와
국가자료공동목록시스템(http://www.nl.go.kr/kolisnet)에서 이용하실 수 있습니다.(CIP제어번호: CIP2013017234)」

오, 신이시여!

폴커 프레켈트 글 | 카차 베너 그림 | 유영미 옮김

책빛

세계 5대 종교의 사원

글쓴이

폴커 프레켈트는 예배도 시대에 맞게 변해야 한다고 생각해요. 학교 다닐 때 종교 선생님을 통해 유대교와 이슬람교에 대해 배웠고, 그때부터 세계의 다른 종교에도 관심을 가져 왔답니다. 특히 불교 승려 달라이 라마가 참가했던 행사에서 깊은 인상을 받았어요. 달라이 라마가 중간에 킥킥거리고 웃었기 때문이죠. 종교는 심각한 것만은 아니랍니다. 우스운 면도 많이 가지고 있어요.

그린이

카챠 베너는 독일에서 태어나 에른스트 텔만의 이야기를 들으며 자라났어요. 예수, 무함마드, 싯다르타 등 세계 종교의 굵직한 인물들에 대해 알아 가면서 종교를 더욱 흥미롭게 생각하고 있답니다.

옮긴이

유영미 선생님은 연세대학교 독문과와 같은 학교 대학원을 졸업한 뒤 전문 번역가로 활동하고 있습니다. 옮긴 책으로 〈공룡의 똥을 찾아라!〉, 〈파라오, 그런 눈으로 쳐다보지 마요!〉, 〈어린이 대학〉, 〈열세 살 키라〉, 〈교과서 밖 기묘한 수학 이야기〉, 〈청소년을 위한 이야기 과학사〉, 〈내 이름은 리누스〉, 〈늑대 소년 롤프〉 등이 있어요.

목차

등장인물

요나스

기독교도인 요나스는 영성체 수업이
재미있다고 생각하지만 집중하기가 쉽지
않아요. 영성체도 기대되지만 그 뒤에 있을
축구 캠프가 정말 기대되거든요.
친구들인 사라, 메흐메트, 인드라니,
텐진과 함께하는 축구 캠프 말이에요.

사라

유대교도인 사라는 여자 친구지만
축구를 무척 좋아한답니다.
안식일에 축구를 못 하는 것은 재미없는
일이라고 생각해요.

메흐메트

메흐메트는 이슬람교를 믿어요.
어릴 때부터 아버지가 읽어 주시는 코란을
들으며 자랐어요. 친구들과 함께 축구하는
것을 무척 좋아해요.

텐진

불교를 믿는 텐진은 부모님과 함께
달라이 라마 행사에 참석하는 것이
소원이에요. 스님들과 함께 축구를 해 보는
걸 기대하고 있답니다.

인드라니

힌두교를 믿는 인드라니는
인도의 갠지스 강을 신성하다고 생각해요.
인도인은 하키와 크리켓을 즐겨 하지만
인드라니는 축구 골대 지키는 것을
더 좋아한답니다.

페르디난트 리히테

신학 공부를 마친 뒤 세계를 여행했어요.
갠지스 강에서 힌두교도를, 티베트에서
불교도를, 메카로 가는 길에서
무슬림(이슬람교도)을 보았어요. 그는 작은
교회에서 목회를 할 계획인데, 때때로 축구
트레이너로 변신하여 U10을 도와줘요.

천사 미카엘

이 책을 위해 초빙된 미카엘 천사가
가장 잘하는 건 감탄하고 놀라는
것이랍니다. 미카엘은 성경 이야기를
잘 알고 교회 노래를 잘 불러요.
될 수만 있다면 모든 사람을 지켜 주는
수호천사가 되는 게 꿈이랍니다.

악마 루시퍼

폴커 프레켈트는 이 책에 악마가 된
타락 천사 루시퍼도 등장시켰어요.
악마는 우주의 어두운 구석을 좋아하죠.
하지만 '어둠'이 없이는 '밝음'도 없고,
지옥이 없이는 천국도 없는 것
아니겠어요?

모두를 이기게 해 주는 축구의 신?

U10의 축구 캠프. '5 대 5' 트레이너인 페르디난트가 외쳤어요. "요나스, 사라, 인드라니, 텐진, 메흐메트." 정말 멋진 경기였어요! 저녁엔 모두 함께 둘러앉아 축구 경기 DVD를 봤어요. 카카우(브라질에서 태어나 독일에 귀화한 축구 선수: 옮긴이)가 환호하면서 운동복을 들어 올리자, "예수님은 당신을 사랑하십니다"라는 글귀가 보였어요. "무슬림들은 저런 세리머니를 하지 않아. 하긴 어떤 사람들은 앙리처럼 땅에 이마를 대지." 메흐메트가 말했어요.

코끼리 얼굴에 긴 코, 이빨 하나, 팔 넷, 뱀으로 띠를 두르고, 쥐를 탄 모습의 힌두교 신이에요. 행운과 번영을 가져다주고 지혜를 성취시켜 주는 신으로 숭배돼요. 힌두교의 신 가네샤도 과연 축구를 할 수 있을까요?

밤이 깊어지자 아이들은 별을 올려다보았어요. "제게 공을 주시면, 신께로 차 드릴게요." 메흐메트가 외쳤어요. "어떤 신께?" 요나스가 물었어요. "어떤 신이든 상관없지." 텐진이 말했어요. 텐진의 침대 옆 협탁에는 작은 부처상이 서 있어요. "중요한 것은 모두가 사이좋게 지내는 것이니까." 모두들 엄숙한 표정으로 가만히 있었어요.

인드라니가 침묵을 깨었어요. "내가 믿는 종교에는 신이 굉장히 많아. 나는
그중에서 가네샤를 가장 좋아하지. 가네샤는 머리가 코끼리 모양이야." 그러자
요나스가 물었어요. "너 힌두교야?" 인드라니가 고개를 끄덕였어요. "코끼리
머리로 헤딩을 하면 엄청 잘할 것 같아." 사라가 그렇게 말하자 모두가 킥킥
대었어요. 모두가 함께 믿는 축구 신이 있다면 가장 좋을 텐데요.

조심, 홍수가 몰려온다!

너희의 죄를 홍수로 벌하련다.
비야, 내려라!
바비큐 파티를 하려던 참인데! 중단해야 하나?
각각 한 쌍씩 배에 올라라. 잘했다!
서둘러! 그러다 배 놓친다고.
맙소사. 우린 달팽이 걸음이라고요!
인간과 동물들은 후손을 얻었고 생명은 이어졌다.

아브라함으로부터 시작되었다.

아브라함, 넌 아들을 얻게 될 것이다!
뭐라고요? 전 벌써 100살이라고요.
너희 가족은 내가 선택한 백성이 될 것이다.
알았어요. 그럼 딸도 낳을 수 있나요?
몇 년 뒤.
아브라함, 아들을 내게 바쳐라.
주님, 너무 많은 걸 요구하시는군요……
쉿, 널 시험하려는 것뿐이야!

헬로, 보스의 말씀이시다!

구약 성경은 유대교와 기독교의 중요한 책입니다. 하느님이 선택했다는
이스라엘 민족의 역사가 기록되어 있지요.

노아 작전

홍수 이야기는 여러 문화권에 등장해요. 학자들은 실제로 흑해와 페르시아
만에서 대홍수의 흔적들을 발견했지요. 약 8천 년 전, 빙하기가 끝나면서
빙하가 녹아 해수면이 높아졌던 걸로 보여요. 노아의 방주는 아라라트 산에
닿았어요. 성경에는 그렇게 기록되어 있답니다.

믿음의 조상 아브라함

하느님은 아들 이삭을 바치라는 명령으로 아브라함의 믿음을 시험했어요.
하느님은 이삭의 목숨을 보전했고, 순종한 아브라함에게는 많은 후손을 선물로
주었지요. 아브라함의 후손들은 이스라엘 민족을 이루었어요. 아브라함은
유대교를 믿는 사람들에게만 중요한 인물이 아니에요. 기독교인들도 구약
성경을 믿거든요. 이슬람교도도 아브라함을 존경해요. 이슬람교도는
아브라함을 '이브라힘'이라는 이름으로 부르지요.

성경에 따르면 노아의 방주는 144미터에 이르렀대.
유명한 타이태닉호는 269미터였어.

모세와 이스라엘 민족은 이집트에서 탈출했어요.

모세의 미션

모세 이야기는 구약 성경에서 아주 흥미진진한 이야기예요. 당시 이스라엘 사람들은 이집트에서 힘들게 노예 생활을 했어요. 이집트의 파라오는 이스라엘 민족이 반란을 일으킬까 봐 두려워한 나머지 이스라엘 사람들이 아들을 낳으면 즉시 죽이라는 명령을 내렸지요. 성경은 모세의 어머니가 아기 모세를 갈대로 엮은 바구니에 눕혀 나일 강에 띄워 보냈다고 전해요. 아기 모세가 담긴 바구니는 나일 강을 따라 떠내려가다가 파라오의 딸에게 발견되었고, 모세는 파라오의 궁정에서 자라났어요. 모세가 어른이 되었을 때, 하느님이 모세에게 나타나서 이스라엘 민족을 이집트에서 해방시키라고 말했어요.

혹해
구약 시대 여행!
이제 몇 가지 이야기는 알았지요?
다음 일곱 장소에서 각각 무슨 일이 일어났는지 더 알아봐요.
67쪽에 해답이 있어요.
❶
아라라트 산
❷
티그리스 강
❺
HALLO
바벨탑
❸
❹
여리고
예루살렘
요르단 강
❻
시나이 산
❼
GRILL-
엉?
너 지금 무슨 말을
하는 거니?
되너 크네케
도너츠 콘 뢰슈티
인칠리아다스 퍼
파보레.
홍해

구약 성경에는
또 어떤 이야기가 나올까요?
요나스가 신화자이자 축구 트레이너인 페르디난트 러히테에게 묻다

요나스: 안녕하세요, 페르디난트. 우린 막 구약 성경에 나오는 유명한 인물들에 대해 알게 되었는데요, 몇 가지 질문을 해도 되나요?

페르디난트: 물론이지. 요나스, 너희 축구 팀은 정말 멋진 애들로 이루어져 있더라. 다섯 명 모두 종교가 다르니 말이야. 그런데도……

요나스: 결승에서 비겼지요. 기가 막히게도 말이에요! 그나저나 구약 성경에는 끔찍한 일이 많이 나오던데요. 단숨에 두 도시가 폭삭 망하기도 하고 말이에요. 소돔과 고모라가 그랬잖아요.

페르디난트: 그래. 그곳 사람들은 하느님의 법을 어기고 타락했지. 거의 구제불능이었어. 하느님은 소돔과 고모라를 불과 유황으로 멸망시켰어. 오로지 롯의 가족만 거기서 빠져나왔지. 그런데 한 가지 조건이 있었어. 도망치면서 절대로 뒤를 돌아보아서는 안 된다는 조건이었지. 하지만 유감스럽게도 롯의 아내가 뒤를 돌아보았고, 그녀는 소금 기둥이 되어 버렸단다.

요나스: 저런……. 이 사건에서 배울 수 있는 교훈은 뭔가요?

페르디난트: 하느님을 믿고 경건하게 살아야 하고, 죄를 짓지 말아야 한다는 것이지. 소돔과 고모라 사람들은 그렇게 하지 않았어! 구약 성경에 나오는 '사랑의 하느님'은 벌주시는 하느님이야. 소돔과 고모라가 실제로 있었는지는 확실히 증명되지 않았어. 어쨌든 고고학자들은 사해 근처에서 주민들이 부랴부랴 도시를 떠난 것으로 보이는 도시의 잔해를 발견했어. 화재가 일어났던 것으로 짐작되는 흔적이었지. 학자들은 이 지역이 소돔과 고모라였을지도 모른다고 여겨. 그 근처에서 롯의 부인처럼 보이는 돌도 하나 발견되었고.

요나스: 돌기둥으로 굳어지다니……. 프리킥을 할 때 우리의 골키퍼 인드라니와 비슷하네요. 참! 또 한 가지 궁금한 게 있는데, 구약 성경은 누가 쓴 거죠?

페르디난트: 정확한 건 모른단다. 구약 성경은 여러 사람이 쓴 글을 모아 놓은 책이지. 앞 부분의 글들은 다윗과 솔로몬 왕이 다스리던 시대에 쓰였어.

요나스: 그러니까 일반 책하고는 다르다고요?

페르디난트: 전집의 한 종류라고 할 수 있단다. 기독교의 경우는 유대교와 다르게 배열되어 있어. 유대교인들에게 중요한 내용은 토라라고 부르는, 모세가 지은 다섯 가지 책이지. 모세 오경이라고도 한단다.

요나스: 기독교와 유대교 모두 구약 성경을 믿는단 말인가요?

페르디난트: 그래! 기독교인들은 구약 성경 외에 신약 성경도 믿지. 하느님의 아들을 중심으로 한 이야기…….

유대교 회당마다 손으로 쓴 토라가 있습니다.

요나스: 나사렛 예수 말이죠?

페르디난트: 그렇단다. 물론 예수도 토라의 율법을 알았지. 예수도 유대 인이거든. 예수는 아이 때 벌써 구약 성경 이야기를 듣고 암기했을 거야.

요나스: 최초의 기독교인이 유대 인이었다니, 멋지네요! 신약 성경과 구약 성경은 정확히 뭐가 다르죠?

페르디난트: 구약 성경은 하느님이 이스라엘 민족과 맺은 계약에 대한 내용이야. 이스라엘 백성이 하느님의 법을 지키면 하느님이 이스라엘 백성을 보호한다는 내용이지. 신약 성경은 하느님이 인간들과 화해하기 위해 아들을 세상에 보냈다는 내용이란다. 따라서 신약 성경은 구약 성경을 보완하는 것이지. 유대 인은 한 분 하느님을 믿어. 기독교인의 하느님은 성부, 성자, 성령이라는 세 인격을 가지고 계시지. 아버지, 아들, 거룩한 영, 이 세 분이 한 하느님을 이룬다고 믿는단다.

미카엘의 지식 보따리

가장 오래된 성경은 사해의 바위 동굴에서 발견되었어. 쿰란이라는 두루마리 성경인데 기원전 200년에 쓰였단다.

아이 딸린 가족이 올 거라는
이야기를 들었을 때 유디트는 이런
가족일 줄은 몰랐어요.

유디트와 첫 번째 크리스마스

"유디트, 마구간 좀 치워 줘!" 엄마가 말했어. 난 나무절구 앞에 서서 곡식을 빻고 있었지. 옆에서 소들이 음매 하고 울었어. 나는 엄마에게 내 목소리가 들리도록 소리 높여 물었어. "왜요?"

"오늘 저녁에 한 가족이 올 거야. 며칠 묵어갈 거란다!" "아이들도 와요?" 나는 나랑 같이 놀 수 있는 아이가 왔으면 했어. 베들레헴 외곽에는 내 또래의 아이가 거의 없었거든. 엄마는 "보면 알세 되겠지."라고 소리쳤어. "자, 이시 마구간으로 가렴! 구석에 빗자루 있어."

청소를 마치자 해가 언덕 너머로 뉘엿뉘엿 넘어가고 있었어. 그때 나귀를 탄 젊은 여인이 보였어. 여인의 남편은 큰 짐을 두 개나 지고 있었지. 부부는 피곤해 보였어. "아이는 어디 있어요?" 나는 큰 소리로 물어보았어. 여인은 내 쪽을 바라보면서 튜닉을 배에서 살짝 걷어 보였어. 배가 상당히 불룩했어! 나는 얼굴이 빨개진 채 땅바닥만 내려다보았지.

"넌 누구니?" 여인이 물었어. "유디트예요. 마구간을 깨끗이 치워 놓았어요." "수고했구나." 여인이 말했어. "아기는…… 그러니까 아기 예수아는 너무 어려서 너랑 같이 놀 수는 없을 것 같네." "예수아? 사내 아기일까요?" 내가 물었어. 여인은 이미 알고 있다는 듯 미소를 지었어.

말구유 모형

오늘날 베들레헴에는 예수 탄생을 기념하는 예수 탄생 교회가 있어.
그 지역의 주민들은 몇십 년째 그 장소가 이스라엘에 속하는지, 팔레스타인에
속하는지를 두고 옥신각신하고 있대.

아빠가 나더러 일찌감치 자라고 했어.
하지만 얼마나 지났을까, 나는 송아지가
음매음매 하는 소리에 잠에서 깨어났어.
날씨는 꽤 쌀쌀하고, 송아지는 밖에서
밤을 보내는 것이 익숙하지 않거든. 나는
마구간으로 달려갔어. 하지만 송아지는
보이지 않았어. 낯선 가족을 방해하고
싶지는 않았지만 나무 사이로 빛이 새어
나왔어. 어디 한 번만 볼까…….

여인은 짚을 깔고 누워 있었어. 튜닉을 이불 삼아 덮고 있었지. 갓난아기를
품에 안은 채로. 남편은 서서 밤하늘을 바라보고 있었어. 그때 갑자기 주변이
밝아졌어. 하늘에 별이 하나 떴는데, 아주 밝고 커서 동물들이 머리를 들어
올려다볼 정도였어.

나는 계속해서 구멍을 들여다보았어. 여인은 물을 마시고, 남편은 뭔가를
만들고 있었어. 요람인 것 같았어. 난 송아지도 보았어. 여인과 남편이
송아지를 우리 속으로 데려갔나 봐. 송아지는 우리 속에서 평화롭게 먹이를
먹고 있었어. 별, 행복한 얼굴, 여인의 품에 안긴 아기……. 나는 뭔가 특별한
장면을 목격한 것이 틀림없었어. 거룩한 밤!

아기 예수를 위한 특별한 노래

아기 예수의 탄생을 기념하는 축일이 크리스마스예요. 예수 탄생을 기뻐하는
마음이 담겨 있는 아름다운 노래를 부르며 크리스마스를 즐겨요.

예수아는 예수와 같은 말이야. 당시에 예수아는 아주 흔한 이름이었어.
갈릴리 사람 열 명 중 한 명이 그런 이름을 가지고 있었어!

예수는 어떤 분인가요?
요나스기 신학자이자 축구 트레이너 페르디난트 리히테에게 묻다

요나스: 크리스마스는 아름다운 이야기예요. 마구간 이야기는 누가 썼나요?

페르디난트: 신약 성경을 보면 네 사람이 썼다는 걸 알 수 있을 거야. 마태, 마가, 누가, 요한, 이 네 사람이 썼지. 네 명의 스포츠 기자가 한 경기에 대해 쓴다면 어떤 느낌일까…….

요나스: 네 개의 다른 경기를 본 것 같은 느낌?

페르디난트: 그래. 한 사람은 경기를 라디오 중계로 들었을지도 몰라. 또 한 사람은 자신의 고향 팀만 엄청나게 응원하고, 세 번째 기자는 파울에 대해 막

열을 내는 거야. 네 번째 기자는 골을 넣은 것에 열광하고……. 이렇듯 마태,
마가, 누가, 요한, 이 네 사람이 쓴 복음서는 내용이 약간씩 달라.

요나스: 아하, 그럼 그들은 예수를 직접 본 증인이 아닌가요?

페르디난트: 그건 아니야. 최초로 기독교 교회가 생겨났을 때 사람들은 예수에
대해 알려진 내용 들이 세월이 흐르면서 영영 잊혀질까 봐 긱징을 했어. 그래서
모든 사실을 기록해 놓았지. 그렇게 기록된 복음서가 약 70개 정도 되었어.
그중 우리가 알고 있는 네 복음서가 결국 교회의 인정을 받았지.

요나스: 네 복음서는 서로 어떤 차이가 있어요?

페르디난트: 누가는 미사여구를 사용해 가장 문학적인 글을 썼단다. 될 수
있으면 많은 사람이 믿게 하려고 애를 썼던 것 같아. 요한은 믿음을 중요시했고,
순회 설교를 하는 예수에 대해 기록했어.

요나스: 예수는 사람들의 병을 고쳐 주었잖아요. 그는 기적의 치료사였나요?

페르디난트: 특별한 치유 능력을 가진 사람들이야 언제나 있었지. 나사렛
예수의 특별한 점은 사람을 진심으로 대해 주었다는 것이야. 무시당하는
사람들도 말이야. 유대 인들이 거룩하게 구별해서 아무것도 하지 않고 쉬는
날인 안식일에도 예수는 병든 여인을 고쳐 주었어. 그것도 유대교 회당에서!
예수는 율법에 얽매이지 않았어. 필요하다 싶으면 율법과 상관없이 그냥
도와주었지.

요나스: 예수는 심지어 원수도 사랑했잖아요? 도저히 참아 줄 수 없는
사람들까지도요.

페르디난트: 그뿐만이 아니야. 예수는 제자들에게 "누가 네 왼쪽 뺨을 때리면 오른쪽 뺨도 대어 주어라."라고 가르쳤어.

요나스: 그건 솔직히 멍청한 일 아니에요?

페르디난트: 얼핏 생각하면 그래 보이지. 하지만 글자 그대로 받아들이지 않고 속뜻을 생각해 보면 아주 영리한 충고야. 축구를 하다가 반칙을 했을 때 서로 맞붙어 싸우면 사태가 더 나빠지잖아. 폭력을 행사하지 않는 사람이 훌륭한 사람이지. 이런 이야기가 전달하는 숨은 뜻은 바로 그런 것이야.

요나스: 듣고 보니 정말 좋은 생각이네요.

페르디난트: 예수가 제안했던 것은 당시에는 아주 새로운 생각이었어. 당시에 사람들은 '눈에는 눈, 이에는 이'라는 말이 옳다고 생각하고 실천했거든. 이스라엘 땅인 갈릴리는 로마 인들이 지배했는데, 피비린내 나는 전투가 일어나곤 했어. 그때 예수가 등장해서 그런 설교를 한 거야!

요나스: 그것이 예수가 전한 가장 중요한 메시지였어요?

페르디난트: 그 외에도 많지. 공감, 이웃 사랑, 평화……. 모두 탁월한 가르침이었어.

맨발의 예수는 짧은 생애를 살았어.
예수를 둘러싸고 난리 법석이 일어나지 않았다면 아무도 예수를 주목하지 않았을지도 몰라. 사진 한 장 남아 있지 않으니까.

하느님의 아들을 만난 스파이

예수가 살던 시대는 아주 불안했어. 당시 로마는 이스라엘을 비롯해 많은
나라를 지배했지. 그렇다고 유대 인들이 무조건 참은 것만은 아니야. 때로는
봉기를 일으키기도 했어. 예수도 참여했었냐고? 그랬을지도 모르지. 예수는
감시를 당했을지도 몰라.

예루살렘에서 봉기가 일어났어. 로마 인들이 성전을 모독한 뒤부터 이스라엘
백성들은 머리끝까지 화가 나 있었지. 물론 유대 인 대제사장과 유대 인 총독이
있어. 이건 우리끼리 이야기지만, 대제사장과 총독은 로마의 앞잡이야.
백성들은 로마에 많은 세금을 내고 있어. 분위기가 좋지 않아. 이스라엘
백성들뿐 아니라, 로마 쪽도 좋지 않아. 양쪽 분위기를 아는 사람은 그리 많지
않아. 나 같은 스파이들이나 알고 있지. 나는 반란자들을 색출하는 임무를 맡고
있어. 로마의 스파이로 일하며 생계비를 벌지.

요르단 강 주변에 괴짜 같은 놈이 하나 있어. 이름은 세례 요한. 수염이
더부룩한 혁명가로, 야생 꿀과 메뚜기를 먹고 살아. 그리고 '하느님 나라'에
대해 어쩌고저쩌고 이야기해. 세례 요한은 오늘 한 방랑 설교가를 강물 속으로
들여보냈어. 무슨 공동체 의식을 행하는 것 같아. 뭔가 특별한 순간 같았어.
나는 그 방랑 설교가를 감시하려고 해. 나사렛 예수. 광야로 간다고 하더라고.
거기서 혼자서 40일이나 머무를 예정이래. 광야라면 할 수 있는 일이 별로
없겠지.

교회에서 목사가 예수가 생선 이천 마리와 빵 오천 개로 일곱 사람을 먹였다고
말했어. 그러자 뚱뚱한 신사가 껄껄 웃었지. 그다음 주에 목사는 빵 다섯 개와
물고기 두 마리로 오천 명을 먹였다고 고쳐 말했지. 그러고 나서 뚱뚱한 신사에게
물었어. "자, 당신도 그렇게 할 수 있겠어요?" 신사는 대답했지. "지난주 일요일에
먹고 남은 게 있다면요!"

따르는 사람이 점점 많아지고 있어! 가장 가까이에는 열두 제자가 있어. 대부분 게네사렛 호수 출신이지. 그들은 무기도 들지 않고 맨발로 예수를 따라다녀. 이 예수에겐 뭔가가 있어. 예수는 사람들을 착취하는 부자들을 고발하는 연설을 해. 원래는 예수 말이 옳아. 하지만 난 관심 없어. 난 그저 스파이일 따름이니까.

솔직히 말해 난 예수가 하는 일이 마음에 들어! 병자를 고치고, 율법학자들이랑 논쟁을 하고, 지배자들의 잘못을 지적하지. 예수는 기적의 치료자일까, 구원자일까, 해방자일까? 어쨌든 위험하진 않아. 몇몇 제자들도.

많은 사람이 예수를 좋아해. 예수는 피곤해서 호숫가로 갔는데 거기서도 몇천 명이 예수를 기다리고 있었어. "이 사람들을 어떻게 하죠? 우리에겐 이들 모두를 먹일 만한 음식을 살 돈이 없는데요." 제자가 묻자, 예수는 모두가 배부르게 될 거라고 대답했어. 어느 순간 손에서 손으로 빵이 전달되고 있었어. 어떻게 이렇게 되었는지 모르겠어. 기적이 일어난 걸까?

이제 예루살렘으로 가 보자고. 예수는 예루살렘에서 질서를 잡고자 해. 예수의 목표는 하느님 나라, 평화, 정의야. 그러는 동안 나는 진심으로 예수를 따르게 되었어. 나는 언젠가는 로마 인들도 설득시킬 수 있을지 몰라!

예수는 부활했어요
요나스가 예루살렘에서 예수의 흔적을 쫓다

요나스는 부모님과 함께 이스라엘을 여행 중이에요. 그중 이틀은 예루살렘에서 보낼 거예요. 예수의 흔적을 찾아 통곡의 벽, 겟세마네 동산, 헤롯 궁전을 둘러볼 거예요. 요나스는 가는 곳마다 유심히 살펴요.

성전인가, 강도의 소굴인가?

통곡의 벽. 사람들은 벽 틈에 경건한 소원을 적은 쪽지를 끼워 놓아. 이 벽은 옛날에는 예루살렘 성전의 일부였다고 여행 가이드가 설명해 주었어. 나는 2,000년 전에는 이곳이 어떤 모습이었을까 생각해 봤어. 주변에 비둘기와 양을 파는 상인들이 있었을 거야. 희생 제물로 바칠 동물들을 팔았던 것이지. 상인들은 돈거래를 하고 있었어. 예수가 성전에 들렀을 때 성전은 야단법석이었어. 동물들이 꽥꽥거리는 소리, 장사치들이 값을 흥정하는 소리, 순례자들의 노랫소리가 섞여 시끄러웠지.

성전에 들어온 예수는 몇몇 탁자를 뒤엎고, 행상들과 돈 바꾸는 사람들을 쫓아내었어. "너희가 성전을 강도의 소굴로 만들었다."고 화를 냈지. 그런데 왜 예수를 체포하지 않았을까? 큰 명절을 앞두고 있었기 때문일 거야. 예루살렘은 순례자들과 로마 군인들로 붐볐어. 성전 수비대는 성가신 일을 만드는 것을 원하지 않았을 거야. 예수는 그 틈을 타 이틀 동안 성전에서 하느님 나라의 메시지를 전할 수 있었어. 누가복음에 그렇게 나와 있어. 아주 용감했지.

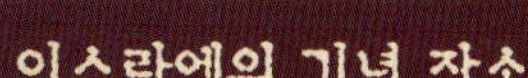

통곡의 벽

무덤 교회

겟세마네 동산

예루살렘에는 유대 인 구역, 기독교인 구역, 무슬림(이슬람교도) 구역이 따로
있어. 때로는 서로 충돌도 하지. 하지만 예루살렘은 이 모든 신앙인의 성지야.

겟세마네 동산에서

나는 엄청나게 오래된 올리브 나무 아래로 왔어. 예수는 이곳을
오르락내리락했어. 예수는 언제라도 사람들이 자신을 잡아갈 수 있다는 걸 알고
있었어. 성경에는 예수가 하느님의 도움을 구하는 기도를 했다고 적혀 있어.
결국 성전 수비대가 와서 예수를 체포했어. 예수는 제자들에게 미리 이렇게
당부했지. "두려워하지 마라! 나는 다시 돌아올 것이다." 큰 명절이 다가오고
있어서 예루살렘은 순례자와 로마 군인으로 가득 차 있었어.

헤롯의 궁전

고고학자가 우리에게 닳아 빠진 계단들을 보여 주었어. 나사렛 예수, 로마
총독이자 재판관인 본디오 빌라도가 걸었던 계단이라고 했어. 재판은 야외에서
진행된 것 같대. 성경에 따르면 빌라도가 원래는 예수를 풀어 주려고 했던
것처럼 나와 있는데, 역사학자들은 빌라도가 잔인했고 대제사장들에게 잘
보이려고 했다고 믿고 있어. 예수는 결국 대제사장들의 규칙을 무시했거든.
빌라도는 예수에게 "네가 유대 인의 왕이냐?"라고 물었고, 예수는 "네가 말한
대로다."라고 대답했어. 지배자들의 귀에 그 말은 반란을 일으키겠다는 말로
들렸고, 반란은 사형죄에 해당했어.

고난의 길

오늘은 성금요일(그리스도 수난일)이야. 예수가 마지막으로 걸어간 '고난의 길'을
걷기 위해 많은 사람이 나왔어. 이 길은 골고다라는 언덕으로 이어지지. 골고다
언덕은 많은 죄수가 처형되었던 곳으로, 예수도 가시관을 쓰고 십자가를 진 채
골고다 언덕을 올라야 했어. 순례객들 중에도 십자가를 목에 걸거나 수도복
위에 걸친 사람이 많아. 십자가는 기독교인들의 상징이지.

골고다

이곳은 사람들로 가득해! 곳곳에 초가 켜져 있고, 다양한 언어로 드리는 기도
소리가 들려. 골고다 언덕에 무덤 교회가 서 있어. 당시 이곳에서 예수가
십자가에 못 박혔을 때, 군인들은 예수를 조롱했지. "네가 진짜 하느님의
아들이라면 스스로를 구원해 봐."라고 말이야. 예수는 "나의 나라는 이 세상의
것이 아니다."라고 대답했어. 많은 사람이 무덤 교회 예배당 아래에 예수가
매장되었던 동굴 무덤이 있었다고 생각해. 어떤 사람들은 예수의 동굴 무덤이
몇 미터 더 떨어진 구세주 교회 아래에 있었다고 보지. 예수의 동굴 무덤은 비어
있는 상태로 발견되었어. 그뿐만이 아니야! 예수는 분명히 죽었는데도 몇몇
사람들에게 나타났어. 그 뒤부터 기독교인들은 부활을 믿지. 죄로부터의 구원도
믿고. 나는 예수가 아주 멋진 타입이었다고 생각해.

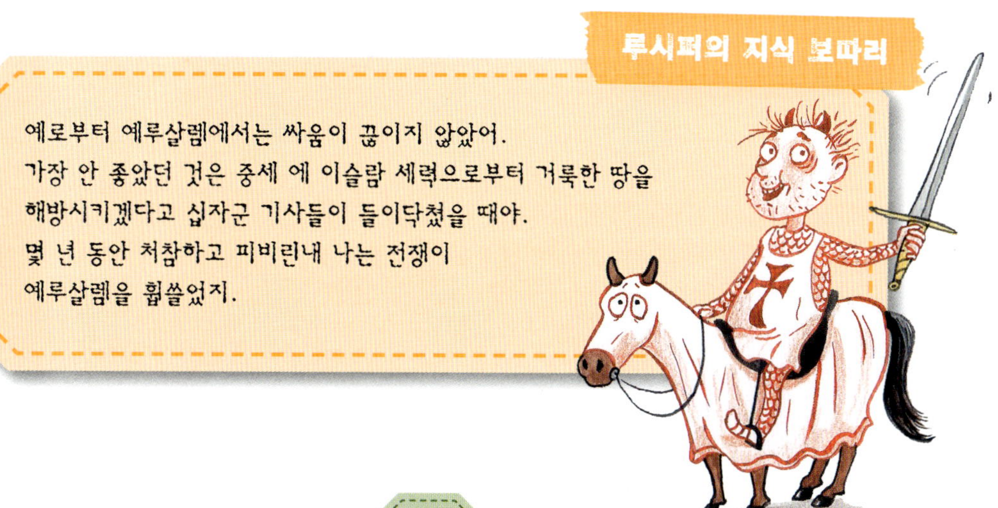

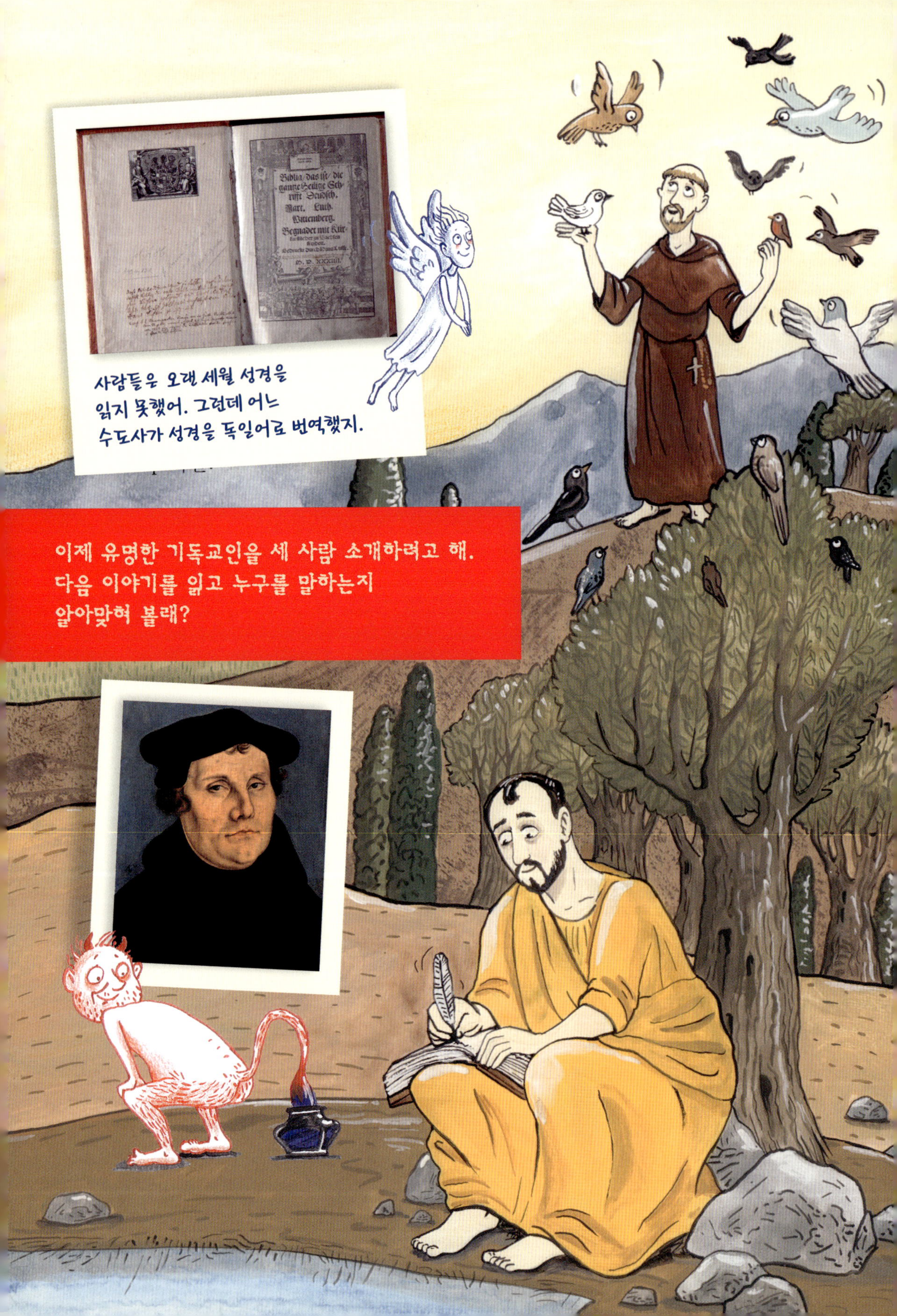
사람들은 오랜 세월 성경을
읽지 못했어. 그런데 어느
수도사가 성경을 독일어로 번역했지.
이제 유명한 기독교인을 세 사람 소개하려고 해.
다음 이야기를 읽고 누구를 말하는지
알아맞혀 볼래?

나는 과연 누구일까요?

기독교인들을 박해한 사람

처음에 나는 기독교를 따르기는커녕, 예수를 믿는 초기의 그리스도인들을 박해했어. 나는 멀리 동방까지 쫓아가 그들을 잡아 왔어. 그런데 다마스커스에 다다랐을 무렵 밝은빛이 보이더니 한 목소리가 "왜 나를 핍박하느냐?"라고 물었어. 예수 자신이 나의 행동을 중단시킨 거야. 그 뒤 나는 전혀 다른 삶을 살게 되었고, 사람들을 기독교로 회심시키는 일을 하게 되었단다. 내가 여러 교회들에 보낸 편지가 신약 성경에 실려 있어.

힌트. 나는 이름이 두 개란다. 중간에 새로운 삶을 살게 되면서 이름을 바꾸었지.

누군가 안 좋은 쪽에서 좋은 쪽으로 변하면 '사울'에서 '바울'로 변했다고 말해요. **다소의 바울**(타르수스의 파울로스)도 그렇게 변했어요. 서기 10년경에 태어난 바울은 젊은 시절 초대 그리스도인들을 몹시 박해했어요. 하지만 나중에는 기독교 전도자로 변신하여 신약 성경에서 커다란 비중을 차지하는 '바울 서신'들을 남겼지요. 로마에서 기독교 박해에 희생당해 순교한 것으로 추측됩니다.

수도회 설립자

젊었을 때 나는 전쟁에 나가 포로가 되었고 병이 들었어. 건강해지자 다시
전쟁에 나가려고 했지. 하지만 꿈에 하느님이 나타나 내게 가난한 자를
도우라고 말했어. 사실 우리 집안은 아주 부유했는데, 내가 재산의 일부를
교회를 재건하는 데 사용하자 아버지는 화가 나서 아들인 내게 소송을 걸었어.
나중에 나는 참회복을 입고 수도회를 설립했어. 교황도 그 수도회를 인정했지.
나는 최초로 크리스마스 미사에 구유를 등장시켰어. 진짜 동물들과 함께
말이야.

힌트: 어떤 이들은 나중에 내가 새들을 앉혀 놓고 설교하는 걸 보았다고 말했어.

수의사들의 수호성인. 가난한 사람들과 동물들을 위해 자신의 삶을 바친 사람.
바로 아시시의 성 프란체스코랍니다. 프란체스코는 1182년 이탈리아에서
태어나 44세 때 세상을 떠났어요. 그가 설립한 프란체스코 수도회는 오늘날까지
이어지고 있답니다.

성경을 번역한 사람

너무 답답하고 반항심이 끓어올랐어! 돈을 받고 사람들의 죄를 용서해 주는 일은 예수의 뜻에 어긋날 것이 분명했기 때문이지. 하지만 내가 살던 때의 교회는 그런 잘못을 저질렀어. 교회 지도자들은 돈과 권력에 빠져 있었지. 나는 이런 상황이 잘못되었다고 확신했어. 그리하여 교황과 사제들을 공개적으로 비난했지. 비텐베르크 성당 문 앞에 95개조로 이루어진 노골적인 반박문을 내걸었지. 그 뒤로 나는 많은 어려움을 당했어! 하지만 그로 인해 종교 개혁이 일어나 개신교 또는 복음주의 교회가 탄생할 수 있었지. 교황은 나를 이단이자 믿음을 배반한 자로 몰았고 나는 많은 비방을 당했지만, 다시 그 상황에 처해도 나는 그렇게 할 거야. 성경을 독일어로 번역할 수 있었던 것만도 흥미로운 일이니까.

힌트: 내가 번역한 성경은 내 이름으로 불린단다.

루터는 루시퍼에게 "사탄아, 물러가라!" 하면서 잉크병을 던졌다고 해요. 잉크 자국은 오늘날까지 바르트부르크 성의 루터 방에 남아 있어요.

루터판 성경을 번역한 사람은 신부이자 신학자였던 **마르틴 루터**(1483~1546)예요. 루터는 95개조 반박문을 작성했는데, 그 일은 종교 개혁으로 이어져 종교가 새롭게 되었어요. 루터는 무엇보다 믿음의 근원으로 돌아가고자 했어요. 종교 개혁 이후 가톨릭 아이들은 영성체를 하고 개신교 아이들은 성찬식을 하게 되었어요. 같은 하느님을 믿지만요.

유대 인들은 무엇을 믿나요?
요나스가 신학자 페르디난트 러허데와
친구 사라에게 묻다

요나스: 마르틴 루터가 성경 전체를 번역했다니 멋지네요! 구약도 말이에요. 구약은 기독교인들과 유대교인들이 공동으로 믿잖아. 맞지, 사라?

사라: 그래, 우린 그걸 히브리 성경 혹은 타나크라고 불러. 거기에 우리 믿음의 뿌리가 있지. 하느님은 그의 백성을 택했고 모세를 통해 계명을 전달했어.

페르디난트: 기독교와 유대교의 가장 큰 차이는 유대교는 한 분이신 하느님을 믿는 거야. 하느님이 예수 그리스도를 통해 인간이 되었다는 것은 유대교인들은 상상할 수 없는 이야기지. 유대교인들은 하느님의 사자인 메시아가 와서 인간을 영원으로, 즉 하느님께로 인도할 거라고 믿고 있어.

사라: 거룩한 토요일인 안식일에 일을 하지 않는 등 계명을 지킨다는 전제 아래 말이지.

요나스: 아하! 그럼, 유대 인들은 안식일에 축구를 해도 되나요?

페르디난트: 좋은 질문이구나. 원래 안식일을 지키는 것은 믿음이 있다는 것을 표시하는 것이야. 하지만 축구 캠프에서 우리는 토요일에도 경기를 했지. 사라는 그에 대해 부모님의 허락을 받았을걸?

사라: 맞아요. 다른 부모님은 허락하지 않았을지도 몰라요. 오늘날에는 집집마다 안식일 규정을 다르게 해석하거든요. 우리는 안식일에 스트레스를 받거나 일 같은 건 되도록 하지 않고, 서로 친절하게 대하고 맛있는 음식을 먹지요.

페르디난트: 이스라엘의 프로 축구 선수들도 안식일에 뛰어. 자, 이제 유대교의 규칙에 대해 알아봤으니, 축제에 대해서도 알아볼까? 사라네 가족과 같은 유대교인들은 아름다운 축제들을 즐긴단다.

사라: 우리 오빠 베냐민은 곧 '바르 미츠바'라는 성인식을 치르게 돼. 열세 살이 되거든. 그러고 나면 오빠는 어엿한 성인이 되는 거야. 바르 미츠바 때는 모두가 잘 차려입고 회당에 가서 토라를 낭송해. 토라는 히브리 어로 되어 있지. 히브리 어는 오른쪽에서 왼쪽으로 쓰는데, 'e'나 'a' 같은 모음은 아예 없어. 그래서 하느님의 이름인 야훼는 JHVH라고 쓰지.

요나스: 멋지다! 그럼 내 이름은 JNS가 되겠네. 그런데 사라, 음…… 약간 멍청한 질문이긴 한데, 여자애들도 성인식을 치러?

사라: 그럼, 남자애보다 일 년 먼저 열두 살에 치르는걸. 성인식을 치르고 나면 나는 바트미즈바, 즉 '율법의 딸'이 돼. 너도 초대할게!

요나스: 크리스마스에 네 생각이 나더라. 크리스마스는 유대교의 축제일이 아니잖아. 그럼 넌 크리스마스 선물을 못 받는 거야?

사라: 선물은 연말에 받아. 연말에 하누카(빛의 축제)라는 명절이 있거든. 유대교의 가장 큰 축일은 욤 키푸르(대속죄일)야. 하지만 욤 키푸르 때는 금식과 기도를 하지.

요나스: 그렇구나! 그나저나 기독교 교회에는 커다란 십자가가 걸려 있는데, 유대교를 나타내는 물건은 뭐지?

사라: 메노라라고 부르는 일곱 갈래의 촛대야. 가장 유명한 메노라는 예루살렘 성전에 있던 것인데, 로마 인들이 그 메노라를 빼앗아 갔대. 그 뒤 메노라는 유대 신앙의 가장 중요한 상징이 되었지. 그리고 유대 인 남자들은 회당에서 키파라는 작은 모자를 쓴단다. 나는 '샬롬'이라는 유대교의 인사말을 좋아해. '평화'라는 뜻이지.

메노라는 언제나 일곱 촛대로 되어 있어요.

유대교 회당에서 남자들은 키파를 써요.

루시퍼 이슬람교인들은 금요일, 유대교인들은 토요일, 기독교인들은 일요일에 쉬잖아. 주말 내내 계속 쉬고 싶다면 세 종교를 몽땅 믿으면 되겠다. 히히.

미카엘 애고, 그럴 순 없다고요!

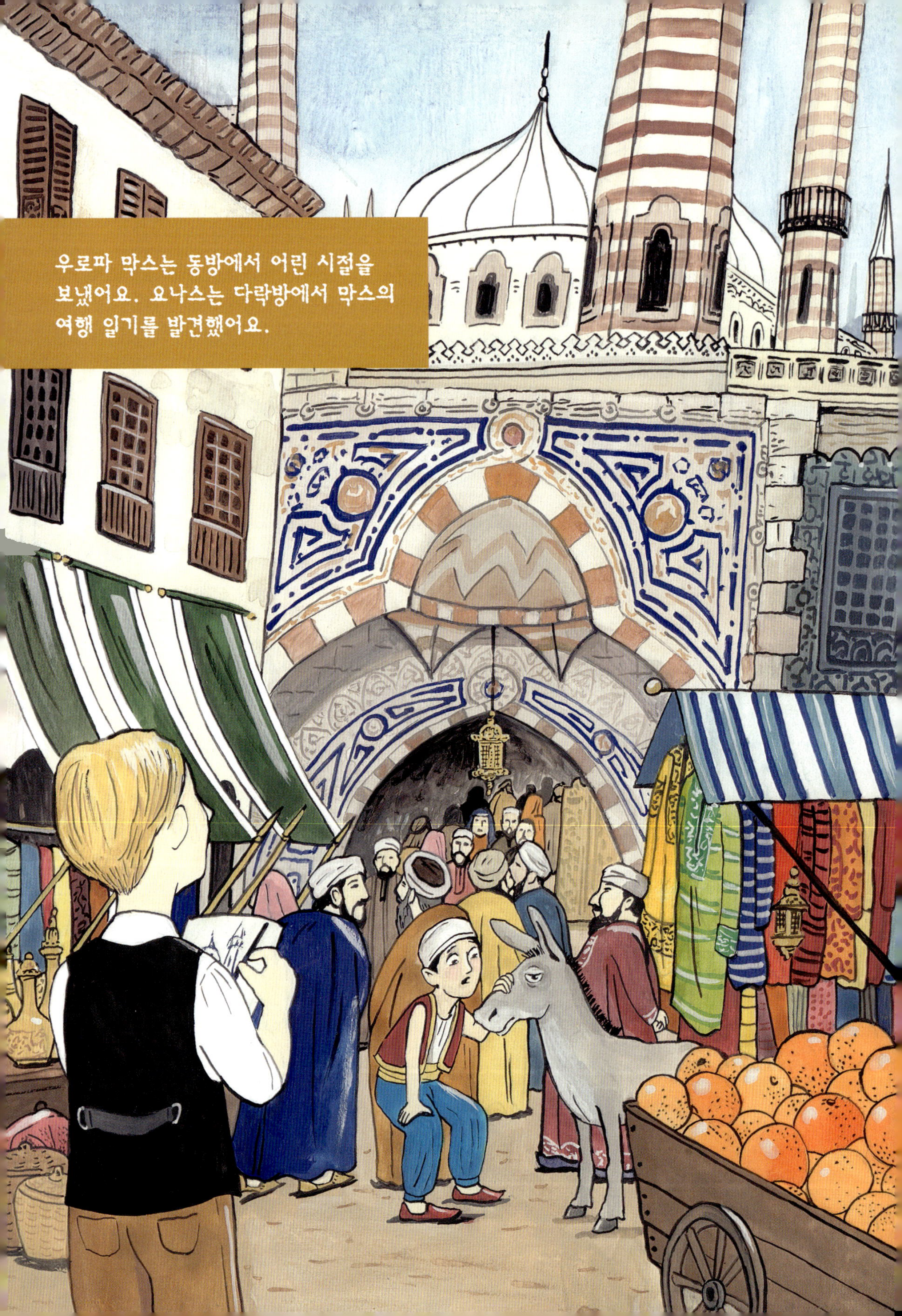
우로파 막스는 동방에서 어린 시절을
보냈어요. 요나스는 다락방에서 막스의
여행 일기를 발견했어요.

압돌과 다섯 기둥

미나레트의 탑을 그리고 있는데, 갑자기 엄마
아빠가 보이지 않았다. 붐비는 시장통인데.
이제 어떻게 하지? 주변을 보니 커다란 문
앞에서 비쩍 마른 소년이 나귀를 채근하고
있었다. "자키! 우린 칼리프에게 가야 해.
자키, 뭘 하고 있니?" 나귀는 번개를 맞은 것처럼 쓰러져 네발을 버둥댔다.
여행객 몇 명이 멈춰 섰다. 소년은 나귀 옆에 쪼그려 앉았다. "자키, 불쌍한 것,
심장이 멈추었니? 알라 케림!"

알라와 무함마드 선지자에 대해서는
어떤 그림도 남아 있지 않아요.
그 대신 아름다운 장식들이 남아
있지요.

'알라케림'은 아랍 어로
'관대하신 신이시여'라는 뜻

미카엘의 지식 보따리

무함마드 선지자는 메카 출신이야.
선지자는 인간들에게 신의 말씀을 전하는 사람이지. 무함마드는 군대 지휘관이자
정치가이기도 했어. 그는 메디나에서 신의 나라를 건설했지.

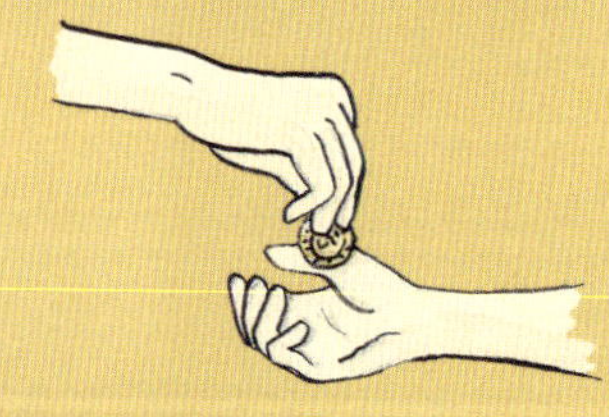

"나귀가 없으면 칼리프에게 갈 수 없는데……."
소년이 훌쩍였다. "여러분, 부탁드릴게요. 혹시
바지 주머니에서 동전들이 짤랑대는지 보아
주세요!"

'칼리프'는 예언자 무함마드의 뒤를 잇는 정신적 지도자

여행객들은 등을 돌렸다. 여행객들은 새 나귀를
사도록 자선하기 위해서가 아니라, 피라미드를
보기 위해 카이로에 온 사람들이었다.
"사랑하는 자키!" 소년이 외쳤다. "칼리프는 내일
가장 아름다운 부인을 데리고 나설 거고, 네가 그
부인을 태워야 하는데, 오 자키!"

'자키'는 똑똑하다는 뜻

소년은 동물의 머리를 양팔로 감싸 안았다.
"이이이 아아아아!" 죽은 것 같았던 자키가
한 눈을 뜨더니 벌떡 일어났다. 그때 우레와
같은 박수와 함께 동전들이 마구 쏟아졌다.
"고맙습니다! 고맙습니다! 알라신은 자선을 하는
모든 이를 사랑하십니다!"

그러고 나서 그 소년이 내게로 다가왔다.
"예쁜 그림이네! 난 압둘이라고 해."

"자키에게 사료를 사 주려고?" 나는 이렇게
물으며 나귀를 쓰다듬었다. 압둘은 고개를
흔들었다. "큰아버지를 위해 돈을 모으는 거야.

메카의 신비로운 검은 돌은 오래전에 사막에 떨어진 운석이래. 이 돌은 카바 신전에 있단다. 해마다 세계 방방곡곡에서 수백만 명의 신도들이 메카를 방문해.

벌써 늙으셨는데, 아직 이슬람의 다섯 번째 의무를 완수하지 못하셨거든."

나는 영문을 몰라서 압둘을 바라보았다. 압둘은 모든 이슬람교도는 다섯 가지 의무를 지켜야 한다고 말해 주었다.

"메카에는 거룩한 돌이 있어. 직육면체 모양의 상자에 들어 있지. 신도들은 그것을 일곱 번 돌아야 해." 압둘이 말했다. "그게 무슨 돌인데?" 내가 물었다. "하늘에서 내려온 돌이야." 압둘이 엄숙한 목소리로 말했다.

그때 이슬람교 사원인 모스크에서 기도 시간을 알리는 소리가 들렸다. 압둘은 곧 얇은 기도 양탄자를 깔았다. "미안해." 압둘이 수줍게 말했다. "하나만 물어볼게. 큰아버지는 메카에 어떻게 가셔?" 압둘은 웃으며 자키를 가리켰다. "물론 나귀를 타고 가지."

자키가 중간에 쓰러지지 않았으면 좋겠는데……. 그런 생각을 하고 있을 때 엄마 목소리가 들렸다. "막스, 너 여기 있었구나! 얼마나 찾았는데."

무에진(기도 시간을 알리는 사람 혹은 기계. 요즘은 기계로 알림)이 하루 다섯 번 기도하라고 소리쳐 알려요.

이슬람교도는 무엇을 믿나요?
요나스가 신학자 페르디난트 리히터와 친구 매호매트에게 묻다

요나스: 그러니까 알라는 '신'이라는 뜻이군요. 이슬람교와 기독교와 유대교는 공통점이 있네요. 모두가 유일신을 믿잖아요.

페르디난트: 그리고 모두가 '믿음의 조상'이라고 부르는 아브라함과 관계가 있지. 하지만 세 종교는 서로 다른 규정을 가진 전혀 다른 종교란다. 이슬람교 역시 경전이 있어. 코란이라는 경전이지. 코란은 몇백 년에 걸쳐 탄생한 성경하고는 달라. 이슬람교 신앙에 따르면 천사장이 무함마드에게 신의 메시지를 전달했고 무함마드가 모든 것을 기록했다고 해. 코란은…….

매호메로: 잠깐만요, 알고 있어요! 114 수라, 즉 114장에 6천 구절 이상으로 되어 있지요. 코란은 무지막지하게 긴 시라고 할 수 있어요. 이맘(이슬람교 지도자) 이 코란을 읽으면 마치 시를 읽는 것처럼 들리지요. 아버지는 아기 때부터 내 귀에 신앙 고백을 속삭여 주었어요. "나는 알라 한 분 외엔 다른 신이 없다는 것을 믿습니다. 나는 무함마드가 신이 보내신 자임을 확신합니다."라고요.

요나스: 신앙 고백은 이슬람교도의 첫 번째 의무지? 이슬람교도의 '5대 의무'는 아주 유명하잖아.

매호메로: 맞아, 요나스. 두 번째 의무는 하루 다섯 번 메카를 향해 절을 하며 기도하는 것이지. 또 다른 의무는 라마단 기간에 4주 동안 금식하는 것이고. 가난한 사람들을 도와주는 것도 중요한 의무라고 생각했어. 그리고 이슬람교

신도라면 평생에 한 번은 사우디아라비아에 있는 메카를 직접 가 보아야 한다고
여겼어.

요나스: 그 말을 들으니 벌써 배가 고파지려고 해!

메호메트: 아이들은 금식하지 않아도 돼. 그러나 어른들은 낮 동안엔 정말로
아무것도 먹거나 마시지 않지. 해가 떠서 질 때까지는 말이야. 라마단은
계절마다 돌아가며 시행되는데 여름에는 낮이 길어서 특히 힘들어. 날이
어두워지면 식사를 하고 사원으로 들어가 예배를 드리지.

요나스: 아, 그래? 난 그 기간에 아무것도 먹지 않는 줄 알았지.

메호메트: 살을 빼는 게 목적이 아니라 모두가 신앙에 전념하는 게 목적이거든.
4주 동안 말이야! 이 기간에는 죄를 지어서는 안 돼. 싸우거나 거짓말하거나
저주를 해서도 안 되지. 아이들은 라마단이 끝날 때 달콤한 군것질거리를
상으로 받아.

요나스: 오, 나도 같이 하고 싶어지는걸. 마지막 날에만 말이야! 농담이야, 메흐메트. 그나저나 이슬람교 축구 선수들은 라마단 기간에 어떻게 해? 그리고 하루 다섯 번의 기도 시간은 어떻게 지켜? 탈의실에서는 기도하기가 힘들 텐데.

메흐메트: 왜 안 되겠어? 코란에는 '중노동자' 등은 예외로 하고 있어. 책에 보니 유명한 축구 선수 프랭크 리베리도 라마단 기간 중 쉬는 날에만 금식을 한다고 하더라.

코란 학교의 수업 시간! 이 아이들은 아프리카에 삽니다.

시드와 싯다르타

싯다르타 이야기는 불교에서 아주 유명해요. 오늘날에도 그런 일이 일어날 수 있을까요?

부유한 시드

아빠가 생일 선물로 스포츠카를 사 주었다. 난 아직 운전면허도 없는데. "널 위해 운전기사를 고용할게." 엄마가 말했다. 운전기사는 나를 태우고 도시 곳곳을 두루두루 돌아다녔다. 지루하기 짝이 없었다. 과거로 여행할 수 있다면 얼마나 좋을까!

싯다르타의 결심

야호! 나는 정말로 2,600년을 거슬러 올라가, 지금의 네팔에 이르렀다. 그리고
싯다르타를 만났다. 궁정을 막 빠져나온 싯다르타는 내게 가난한 사람들이
사는 동네 이야기를 해 주었다. "시체 위에서 파리들이 윙윙거리고 있더라."
라고 했다. 나도 사는 게 얼마나 비참한지 알 것 같다. 저쪽에 한 경건한 사람이
사는데, 그는 가진 것을 모두 포기했다. 아무것도 가지고 있지 않고 아무것도
원하지 않는다. 그래도 품위 있고 행복해 보인다. 싯다르타는 그 사람처럼
궁정을 버리고, 모든 부를 포기하고자 한다. 나도 싯다르타를 따라갔다.

네 가지 성스러운 진리

싯다르타는 가족을 떠났다. 싯다르타는 단식했고 생각에 생각을 거듭했다.
그러고 나서 요기를 조금 하고는, 홀로 커다란 보리수나무 아래에 앉아
생각하고 또 생각했다. 싯다르타는 결국 모든 의문에 대한 대답을 찾아내었다.
깨달음을 네 가지 성스러운 진리라고 부른다.

1. 인간 세계는 괴로움으로 가득 차 있다.
2. 우리가 괴로운 것은 더 좋은 걸 더 많이 갖고자 하는 욕심 때문이다.
3. 우리는 이런 욕심을 버려야 한다. 그리고 다른 사람들보다 더 행복해지려고
   하는 마음을 버려야 한다.
4. 그렇게 하면 열반(니르바나)에 이르게 될 것이고, 모든 걱정과 욕심과
   괴로움에서 벗어날 수 있다.

현재로 돌아와서

나는 현재로 돌아왔다. 그러나 싯다르타와의 만남은 헛되지 않았다. 나는
싯다르타 덕분에 새로운 삶을 시작하게 되었다. 나는 모든 것을 가졌는데도
행복하지 않은 이유를 알고 싶었다. 그래서 무작정 부모님께 제안했다.
"외국으로 갈래요. 노트북 말고는 아무것도 가져가지 않을래요."
나는 낯선 곳에 와서 많은 것을 보고 많은 사람을 만났다. 병자들을 돌보는
일을 도왔다. 이제 재산 따위는 중요하게 생각되지 않는다. 나도 싯다르타처럼
인생의 진리를 깨달은 것 같다.

싯다르타는 지혜로운 사람이었지만, 신은 아니었어. 너희와 똑같은 인간이었지.
싯다르타가 죽은 뒤, 방랑하는 승려들이 싯다르타의 이야기를 기록했어.
싯다르타가 깨달은 네 가지 성스러운 진리 외에 불교 신도가 실천해야 하는 팔정도
등 여러 가지 규범도 기록했단다.

불교도는 무엇을 믿나요?
요나스가 신학자인 페르디난트 리히테와 친구 텐진에게 묻다

요나스: 난 용돈으로 사고 싶은 것이 너무나 많은데, 싯다르타는 모든 것을 포기했다니 정말 대단해. 나는 그렇게 할 수 없을 것 같아.

텐진: 싯다르타는 기원전 560년 전쯤 오늘날의 네팔에 살았대. 우리 선조들처럼 히말라야 기슭에 말이야.

요나스: 싯다르타도 선지자였나요?

페르디난트: 무함마드나 예수와는 달리 싯다르타는 신의 메시지를 받지는 않았어. 하지만 오랜 세월 고행을 통해 '네 가지 성스러운 진리'를 스스로 깨달았지. 그 뒤 방랑하면서 자신이 깨달은 지혜를 전해 주었고, 석가모니(부처)라는 이름을 얻었단다.

요나스: 불교에는 신이 없어요?

700년 전에 만들어진 티베트의 부처상

석가모니의 탄생을 기념하기 위한 행사로 연등회가 있어요. 연꽃 모양의 등을 밝혀 석가모니의 진리가 사방에 퍼지는 것을 상징하지요.

페르디난트: 최소한 기독교, 유대교, 이슬람교에서 섬기는 것과 같은 신은 없단다. 하지만 아주 많은 신이 있고, 부처 또한 신이 된 인간으로 추앙을 받지. 더 중요한 것은 석가모니의 가르침이야.

불교에서는 모든 생명이 다시 태어난다고 믿지. 한 번이 아니라, 계속해서 다시 태어난다고 말이야. 어떤 몸으로 태어날지는 개개인의 행위에 달려 있어. 인간으로 태어날 수도 있지만, 동물로 태어날 수도 있어. 이런 가르침을 윤회설이라고 하는데, 영혼이 죽지 않고 계속해서 다른 세상에서 다시 태어나는 걸 뜻해. 해탈을 하면 윤회를 끝낼 수 있어. 그러면 열반에 들어가게 되지.

만다라 그림을 통해 우주의 진리를 표현하고 있어요.

요나스: 열반이 뭔가요?

페르디난트: 음, 이렇게 설명할 수 있겠다. 너희 혹시 만다라라는 거 알아?

텐진: 때로 승려들이 몇 주 동안 애를 써서 여러 색깔의 모래로 동그랗고 아름다운 모양을 만드는 거예요. 세계를 나타내는 모양이래요. 하지만 그림을 다 완성하고 나서는, 다시 그것들을 망가뜨려요. 이런 행동은 세상의 모든 일이 헛되다는 것을 보여 주지요.

천사와 악마

미카엘 티베트의 많은 불교 신도가 달라이 라마를 정신적 지도자로 추앙하고 있어. 달라이 라마는 농부의 아들로 태어났고, 승려들이 달라이 라마가 보살, 즉 '깨달은 사람'이라는 판단을 내렸을 때 그는 아직 어린 나이였어. 중국이 티베트를 지배한 뒤부터, 14대 달라이 라마는 고향 땅을 밟지 못하는 신세가 되었어. 그 대신 전 세계에서 환영받는 손님으로 살아가고 있단다.

루시퍼 어쨌거나 중국 밖에서는 말이지!

페르디난트: 열반도 이와 마찬가지야. 자연스럽게 무(無)로 돌아가고 우주와 하나가 되는 것이지.

요나스: 음, 텐진, 너 고향에 가 봤니?

텐진: 조금 더 크면 부모님이 데려간댔어. 우리 부모님은 달라이 라마의 행사에 꼭 참석하거든.

요나스: 계속 킥킥대는 그 친절한 신사 말인가요?

페르디난트: 그래, 달라이 라마는 자신을 과시하지 않아. 그는 사람들더러 생각하며 살라고 하고, 무엇보다 선하고 평화로운 사람이 되라고 해. 각자 가진 종교의 가르침에 맞게. 달라이 라마는 모든 종교를 무한한 지혜의 일부분으로 여기지. 종교의 성격을 그보다 더 훌륭하게 표현할 수는 없을 거야.

다양한 신들

세차게 흐르는 강가

전해 오는 이야기에 따르면 강가 여신은 하늘에서 내려와, 세계의 지붕 히말라야 산맥에서부터 강으로 흘러내린다고 해요. 그러므로 강가 여신은 강이에요. 아주 세차게 흘러서 다른 신들은 몸이 젖을까 봐 두려워하지요. 순식간에 모든 곳이 흘러넘쳐요. 강한 시바 신만이 강가의 폭포를 막을 수 있어요. 시바 신은 자신의 헝클어진 머리로 강가의 물결을 땅으로 인도했어요. 그래서 커다란 강들이 생겨났죠. 그중 가장 신성한 강이 인도의 갠지스 강이랍니다. 사람들은 갠지스 강에서 목욕을 하면 강가 여신의 물이 자신들의 죄를 씻어 준다고 믿어요.

강의 여신 강가는 순결을 상징한답니다.

힌두교는 아주 화려한 종교야. 축제 때 힌두교도는 다양한 색깔로 분장을 하고, 컬러 스프레이를 뿌려 대지. 많은 사람이 이마에 붉은 점을 찍어.

고트 비슈누

영리한 비슈누

많은 힌두교인이 좋아하는 신이에요. 비슈누는 이미 아홉 번이나 이 땅을 방문했다고 해요. 한번은 인간들에게 커다란 홍수를 경고하기 위해 물고기로 와서는, 한 남자에게 그의 가족과 동식물을 위해 배를 만들라고 조언했대요.

나중에 비슈누는 어릴 적 개구쟁이였던 크리슈나의 모습으로 세상에 왔어요. 크리슈나는 마을 소녀들과 함께 목욕을 하다가 소녀들에게 물감을 집어 던지기도 했고, 소녀들이 목욕하고 있을 때 소녀들의 옷을 몰래 가져다 나뭇가지에 걸어 놓기도 했어요. 많은 힌두교인이 비슈누 신의 열 번째 귀환을 기다리고 있어요. 비슈누의 열 번째 화신이 오면 새 시대가 시작된다고 해요. 비슈누가 하루빨리 지상에 내려오기를 바라는 마음으로 힌두교 승려들은 때로 한 발로 몇 시간씩 서 있는답니다.

비슈누의 여덟 번째 화신인 크리슈나

천사와 악마

루시퍼 배? 어디서 많이 들어 보았는데. 노아도 배를 탔잖아. 누가 베껴 썼나?

미카엘 애고, 의심 많기는! 큰 홍수가 두 번 일어났을지도 모르잖아.

성공으로 인도하는 가네샤

이번 이야기는 좀 끔찍해요. 이야기는 파르바티 여신의 욕실에서 시작하지요. 파르바티 여신은 심심해서 작은 남자아이를 만들었어요. 그리고 이름을 가네샤라고 짓고, 생명을 불어넣은 다음 문 앞에서 망을 보게 했지요. 그때 시바가 집으로 와서는 우습게 생긴 꼬마를 보고 아들인 줄도 모르고 놀란 나머지 단칼에 머리를 베어 버렸어요. 시바는 파괴의 신이기 때문이죠.

그러자 파르바티가 마구 화를 내었고, 시바는 파르바티를 달래기 위해 묘안을 생각해 내었어요. 신하들을 보내어, 머리를 북쪽으로 두고 자는 동물 중 맨 처음 눈에 띄는 동물을 데려오라고 했지요. 신하들이 그 명령에 따라 데려온 것은 코끼리였어요! 그리하여 꼬마 가네샤는 코끼리 머리를 갖게 되었죠. 코끼리는 상당히 지적이고, 성공을 가져다주는 신으로 여겨요.

뚱뚱한 배, 많은 팔과 코끼리 머리, 바로 가네샤예요.

힌두교도는 잘 때 머리를 절대 북쪽으로 두지 않아. 시바 신이 언제 또다시 머리를 북쪽으로 두고 자는 자를 데려오라고 할지 알 수 없기 때문이지.

유쾌한 브라흐마

브라흐마는 머리 걱정을 할 필요가 없어요. 머리가 네 개나 되거든요. 팔도 네 개랍니다. 그는 커다란 연꽃 속에 누워 있다가, 뭔가를 보고 싶을 때면 하얀 백조를 타고 날아다니지요.

브라흐마의 아내도 날아다니는 동물을 타고 다녀요. 브라흐마의 아내는 사라스바티라는 여신으로, 화려한 공작을 좋아한답니다. 사라스바티를 예술과 학문의 여신으로 여기지요. 사라스바티의 유쾌한 남편 브라흐마는 창조주이자 어린이들의 신이고요. 아이들 없이는 새로운 생명도 없으니까요!

한두교의 창조의 신, 브라흐마

한두교에서는 동물도 신으로 여겨. 가장 신성하게 생각하는 동물은 바로 소야. 소를 대지에 생명을 주는 동물이자, 브라흐마, 비슈누, 시바와 같은 신들의 거처로 믿지. 그래서 인도의 도시에서는 아무리 차가 막혀도 소를 교차로에서 끌어낼 수 없어. 정체가 아무리 심해도 소를 그냥 내버려 둔단다.

힌두교도는 무엇을 믿나요?
요나스가 신학자인 페르디난트 리히테와
친구 인드라니에게 묻다

요나스: 인드라니, 너 인도에 가 본 적 있어?

인드라니: 한 번 가 봤어. 친척들이 바라나시에 살거든. 신성한 갠지스 강에서 멀지 않은 곳이야. 그곳에 가면 순례자들, 힌두교 사원, 조명, 향신료 등 모든 것이 힌두교와 관련되어 있지. 우리 할아버지 말씀이 옛날엔 요즘 같지가 않았대. 카스트 제도를 아주 엄격하게 지켰거든. 사람들은 출신에 따라 제사장, 상인, 기술자 등 '카스트'로 나뉘었다고 해.

페르디난트: 카스트의 규율은 아주 엄격했어. 결혼도 같은 카스트에 속한 사람들끼리만 할 수 있었지. 최하층 계급으로는 '불가촉천민'이 있었어. 그들은 사람으로 취급받지도 못했고, 아주 힘든 허드렛일을 했지. 다행히 지금은 카스트 제도가 폐지되었단다.

요나스: 힌두교에는 신이 아주 많잖아요. 그중 가장 높은 신은 누구인가요?

이 바퀴는 힌두교의 상징이랍니다.

페르디난트: 가장 높은 신은 브라흐마란다. 세계 영혼이자 생명의 근원으로 여기지. 힌두교도의 최고 목표는 언젠가 세계 영혼과 하나가 되는 것이야. 하지만 그러려면 이 땅에서 올바르게 삶을 살아야 한단다.

인드라니: 우리도 윤회를 믿어. 죽었다가 다시 태어나는 것 말이야. 전생에 어떻게 살았느냐에 따라서 동물이나 식물로 다시 태어날 수도 있어.

요나스: 불교와 비슷하네. 불교의 환생을 아주 멋지다고 생각했거든. 나는 호랑이로 한번 살아 보고 싶어.

페르디난트: 힌두교노는 환생을 그리 멋지다고 생각하지 않는단다. 언젠가 환생이 끝나고 그들의 영혼이 해탈(모크샤: 세계 영혼인 브라흐마와 합치되는 것, 또는 깨달음을 얻는 것)에 도달하기를 바라지. 그래서 특정한 규칙을 지키며 살지.

요나스: 하지만 그들은 축구 규칙은 알지 못하죠. 대부분의 힌두교인들은 인도에 살고, 그들은…….

인드라니: 크리켓과 하키를 하지! 난 축구 골대를 지키는 게 더 좋아.

5대 종교

	기독교	유대교
신도 수는 얼마나 되나요? 신도들은 대부분 어디에 사나요?	기독교인은 20억 명이 넘어요. 대부분 유럽, 미국, 브라질, 멕시코에 살지요.	유대 인은 약 150만 명이에요. 대부분 미국과 이스라엘에 살지요.
어떻게 이들 종교에 속하게 될까요? 태어나면서 무조건적으로? 아니면 자신의 결정에 따라?	세례를 받으면 돼요.	어머니가 유대 인이면 자동적으로 유대 인이 돼요.
각 종교의 상징은 무엇인가요?	십자가	다윗의 별과 일곱 촛대가 있는 메노라
누구를 숭배하나요?	성부, 성자, 성령의 삼위일체(세 분이 하나인) 신	유일신 야훼
어디에서 모이나요?	교회	유대교 회당(시나고그)
무엇을 읽나요?	성경 – 구약과 신약	토라를 비롯한 성서
무엇을 믿나요?	십계명과 예수가 하느님의 아들로 이 세상에 왔다는 것	모세가 하느님으로부터 받은 율법
목표가 무엇인가요?	부활과 영원한 삶	사후에 새로운 세계에서 계속 사는 것
중요한 인물	인간을 위해 십자가에 달린 예수 그리스도	유대 인의 조상, 아브라함
중요한 사건	예수의 탄생, 16세기에 일어난 종교 개혁	기원전 1250년경에 이스라엘이 이집트를 탈출한 사건
최고의 성직자	가톨릭에서는 교황, 그 외에 사제와 목사가 있다.	공동체를 이끄는 랍비
가르침	네 이웃을 네 몸과 같이 사랑하라.	신은 유대 민족과 계약을 맺었다.
중요한 축일	크리스마스, 부활절, 성령 강림절	12월의 하누카와 기독교의 부활절 바로 전에 찾아오는 유월절

이슬람교 · 불교 · 힌두교

이슬람교	불교	힌두교
이슬람교도는 약 14억 명이에요. 대부분 아시아와 북아프리카에 살아요.	불교 신도는 약 3억 명이에요. 태국, 중국, 미얀마에 많이 살지요.	힌두교도는 약 9억 명이에요. 대부분 인도에 산답니다.
태어나면서 무슬림(이슬람교도)이 돼요. 어린이들은 코란 학교에서 신앙 교육을 받지요.	자신의 뜻에 따라 불교도가 돼요.	힌두교도로 태어나요.
이슬람교를 상징하는 초승달과 별	여덟 개의 바퀴살을 가진 바퀴 모양의 법륜(팔정도 상징)	힌두교의 옴
유일신 알라	석가모니	아주 많은 신. 소도 신성하게 여김
이슬람교 사원(모스크)	불교 사원과 불탑	힌두교 사원
7세기에 기록된 코란	석가모니의 가르침이 담긴 불경	중요한 계명과 가르침을 담은 바가바드기타
'5대 기둥' – 신앙 고백, 기도, 자선, 단식, 메카 순례	'네 가지 성스러운 진리'와 윤회	영혼 불멸성
내세에서의 부활	열반(니르바나), 진리를 체득하여 일체의 괴로움이 사라진 상태	모크샤(해탈), 세계 영혼과 하나가 되는 것
선지자이자 군인이자 정치가인 무함마드	석가모니(고타마 싯다르타)	비폭력 평화 운동을 주창한 마하트마 간디
서기 622년 무함마드가 메디나로 가서 최초의 이슬람 공동체를 만들다.	기원전 528년 싯다르타가 깨달음을 얻어 부처가 되다. 부처는 신이 아니라 인간이다!	기원전 1800년에서 1200년 사이에 최초의 종교 글 모음인 베다가 완성되다. (바가바드기타는 우파니샤드와 베다와 더불어 힌두교 3대 경전이다.)
인간과 신 사이의 중재자인 이맘	불교 승려들	최고의 종교 교사들인 브라만 (브라흐마나)
알라가 이 세상을 유지시키며, 세상의 운명을 결정한다.	선업을 쌓으라(선행을 하라). 그러면 열반(니르바나)에 이를 것이다.	우주는 '세계 영혼', 즉 '브라흐마'로 충만하다.
이슬람의 새해와 금식월인 라마단이 끝나는 이드 알피트르 (Eid-al-fitr)	부처님 오신 날(음력 4월 8일)	신도 많고 축제도 많다. 그중 빛의 축제(디왈리 축제)가 유명하다.

페르디난트와 축구 팀의 작별 인사

축구 캠프가 끝났어요. 모두가 지친 몸을 이끌고 버스에 올랐어요. 축구도 많이 하고 말도 많이 했거든요. 이제 추억을 안고 집으로 돌아갈 시간이에요!

"다섯 종교에는 공통점이 많은 것 같아." 버스가 출발한 뒤에 요나스가 말했어요. "그래. 모두 세상을 올바르게 살아가고자 하지." 사라가 말했어요. "착하게 살려고 하고 말이야." 메흐메트가 덧붙였어요. "그러니까 우리 모두에게는 많은 신 중 각자 대화를 할 한 분의 신이 필요한 것 아니겠어?" 인드라니의 말이에요. "그런데 왜 그렇게 종교가 많을까?" 텐진이 고개를 갸우뚱했어요. "인간이 서로 다르기 때문이란다. 모두가 나름대로 세계를 설명하려 하지. 사람은 모두 믿음을 동경한단다. 삶의 의미를 알고 싶어 하기 때문이지." 페르디난트 코치가 말했어요.

차창 밖으로 푸른 초원이 보였어요. 사슴이 풀을 뜯고 있었어요. "많은 사람이 신이 정말로 있을까 자문한단다. 나는 신이 있다고 믿어." 페르디난트 코치가 힘주어 말했어요.

해답

13쪽 풀이

일곱 개의 이야기: ❶ 노아의 방주가 아라라트 산에 다다랐어요. ❷ 아담과 하와가 선악과를 먹어서 죄가 세상으로 들어오고 에덴동산은 끝이 났어요. ❸ 이스라엘 사람들은 약속의 땅으로 가는 도중에 여리고 성을 무너뜨렸어요. ❹ 다윗은 요르단 강 가에서 골리앗을 무찔렀어요. ❺ 사람들은 바벨론에 하늘을 찌를 듯 높은 바벨탑을 쌓고자 했어요. 하느님은 그 일이 마음에 들지 않아, 언어를 갈라놓아 그 일이 성사되지 못하도록 했어요. ❻ 모세는 십계명이 담긴 언약궤를 가지고 시나이 산을 내려왔어요. ❼ 이스라엘 민족이 이집트에서 탈출할 때 홍해가 갈라졌어요.

사진 출처

photos on pages 8, 16, 20, 31, 34, 49, 54, 58, 59, 60, 61, 62 ⓒ AKG- IMAGES

photo on page 41 ⓒ David Berkowitz

photo on page 47 ⓒ Choi Youngkil

photo on page 55 ⓒ Kim Youngeun

photo on the cover ⓒ Lee Jaewon

공룡의 똥을 찾아라!

글: 폴커 프레켈트 | 그림: 데레크 로크첸 | 옮김: 유영미 | 감수: 백두성

놀라지 마!
메리 애닝은 익티오사우루스와 플레시오사우루스의 화석을 발견했어.
그것도 200년 전에 말이야.
우리도 공룡의 똥을 찾아 떠나 볼까?
재미있는 만화와 모험 이야기를 통해 무시무시한 공룡에 대해 알아보자.
준비됐니?
열려라, 공룡의 세계!

파라오, 그런 눈으로 쳐다보지 마요!

글: 폴커 프레켈트 | 그림: 프리데릭 베르트란트 | 옮김: 유영미

정말이야!
투탕카멘은 신발 수집광이었어. 고고학자 하워드 카터는 투탕카멘의
무덤에서 신발과 다른 보물을 많이 발견했어.
물론 투탕카멘 미라도 직접 보았지.
얘들아, 미라의 땅, 이집트의 비밀을 함께 풀어 볼까?
재미있는 만화와 이야기를 통해 고대 이집트에 대해 알아보자.
열려라, 고대 이집트!

오, 신이시여!

글: 폴커 프레켈트 | 그림: 카차 베너 | 옮김: 유영미

상상해 봐!
오천 명을 위한 식사가 눈앞에 펼쳐지는 모습을.
이 어마어마한 식사를 마련한 이가 누구냐고? 바로 예수님이야.
기적이 일어난 거지. 이것은 기독교에서 아주 유명한 이야기야.
그럼 이슬람교, 힌두교, 불교, 유대교 같은 다른 종교에는
어떤 이야기가 있을까?
재미있는 만화와 이야기를 통해 신비로운 종교에 대해 알아보자.
열려라, 종교의 세계!